AMÉLIORATIONS

IMPORTANTES

DANS LA FABRICATION DES HUILES D'OLIVES;

OBSERVATIONS

SUR LA CONSTRUCTION DES MOULINS;

PAR M. A. DE SINETY,

MEMBRE correspondant de l'Académie de Marseille et de la Société royale d'agriculture et de commerce du département du Var;

SUIVIES d'un Rapport fait à l'Académie de Marseille, par une Commission choisie dans son sein.

PRIX 75 C. AVEC UNE GRAVURE.

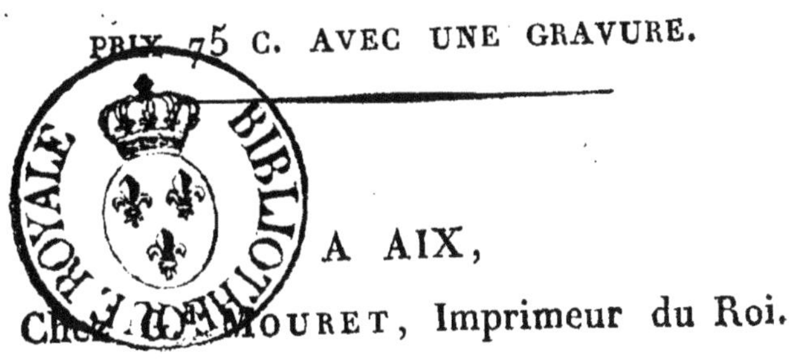

A AIX,

Chez G. MOURET, Imprimeur du Roi.

1826.

AMÉLIORATIONS
IMPORTANTES
DANS LA FABRICATION DES HUILES D'OLIVES;

OBSERVATIONS
SUR LA CONSTRUCTION DES MOULINS.

PENDANT que tous les genres de fabrications font des progrès inconcevables, celle des huiles est stationnaire.

Rien de changé, rien d'amélioré dans la trituration des olives, ni dans l'extraction de leur suc. Et cependant pour peu qu'on observe la méthode si fidèlement suivie jusqu'à ce jour, on ne peut s'empêcher d'y remarquer des vices tellement frappans, qu'il est inconcevable que personne n'ait encore cherché à les détruire, en améliorant la méthode

La cause de cette indifférence est facile à expliquer, mais elle n'est pas partout la même.

Dans le terroir de Marseille, par exemple, où les moulins à huile sont très-multipliés ils sont peu lucratifs. La durée de la fabrication n'y excède jamais deux mois; en sorte que les capitaux employés à la construction dispendieuse de ces moulins, pour produire seulement cinq pour cent d'intérêt par an, devraient produire deux et demi pour cent par mois; ce qui paraît impossible, quand on pense aux frais ordinaires et extraordinaires de cette fabrication, au coûteux entretien des machines imparfaites qui y sont employées et à la lenteur des opérations.

Rien n'est plus facile que de faire le compte des propriétaires de ces moulins dans le territoire de Marseille, parce que le prix de mouture s'y paye en argent, et qu'on peut facilement évaluer, et la quantité de mottes d'olives qu'on y détrite par vingt-quatre heures, et les frais en journées d'hommes, d'animaux et en entretien d'engins que nécessite cette fabrication.

Il est certain qu'en évaluant le produit de l'enfer à un taux raisonnable, les bénéfices sont presque nuls. Il n'en serait pas de même dans les moulins, où ce produit de l'enfer s'éleverait trop haut. Mais la concurrence qui existe à Marseille, oblige chaque propriétaire de moulins à éloigner la méfiance, sous peine d'être abandonné. En sorte qu'on peut assurer que nulle part en Provence on n'obtient un résultat plus avantageux que dans les moulins du territoire de Marseille ; et c'est pourquoi aucun moulin à recense n'a pu s'y soutenir, leur produit n'ayant jamais couvert les avances nécessaires.

Or c'est précisément parce que cette fabrication y est très-peu lucrative, que les propriétaires d'olives y trouvent plus d'avantages que ceux des autres parties de la provence.

On peut donc affirmer, que dans l'état actuel de la fabrication, l'intérêt des propriétaires d'olives est en raison inverse de l'intérêt des propriétaires de moulins.

A Marseille où, comme je viens de le dire, la concurrence oblige les meuniers à être très-scrupuleux sur le produit de l'enfer, le seul moyen qu'ils ont pour gagner davantage, est de diminuer leurs frais d'exploitation par des lésineries.

C'est ainsi qu'on voit beaucoup de moulins où le trop petit nombre d'ouvriers employés, nuit à l'extraction entière de l'huile, comme aussi l'emploi de mulets hors de service et sans forces, parce qu'ils coûtent moins de loyer, achève de rendre l'opération interminable, outre qu'elle est imparfaite.

On aurait tort d'en accuser les propriétaires de moulins, car ainsi que je l'ai dit, ils font encore infiniment plus que partout ailleurs dans l'intérêt des propriétaires d'olives. Il faut en accuser les machines dont ils se servent.

Exiger d'eux avec de semblables moulins, une perfection de fabrication, que le prix de mouture actuel, quoique très-fort, ne pourrait compenser, serait trop exiger. Autant vaudrait leur imposer l'obligation de les fermer.

Dans cet état de choses, il paraît extraordinaire que dans le territoire de Marseille, personne n'ait pensé sérieusement aux moyens d'améliorer la fabrication des huiles, de manière à allier l'intérêt des propriétaires de moulins, avec celui des propriétaires d'olives.

Mais si dans le territoire de Marseille, l'amélioration de la méthode usitée, est ainsi que je viens de le dire, autant dans l'intérêt des propriétaires de moulins que dans celui des propriétaires d'olives, dans le reste de la provence, cette amélioration est toute et uniquement dans l'intérêt de ces derniers.

En effet, partout où il y a des oliviers en Provence on voit deux espèces de moulins. Ceux où on détrite les olives et où on extrait la première huile; et ceux où on fait ce qu'on appelle *la recense*, c'est-à-dire, où on refait la première opération.

J'établis comme un fait constant, que partout où il existe des moulins à recense, la première opération a dû être mal faite; car leur existence ne tient qu'aux fautes souvent volontaires, de ceux qui leur fournissent la matière première de leur fabrication.

D'où il suit que plus les meuniers à recense gagnent, plus les propriétaires d'olives ont perdu.

Comment donc cet état de choses a-t-il pu exister jusqu'à ce jour, sans qu'aucun propriétaire d'oliviers se soit ravisé? Sans que personne ait imaginé de se rendre indépendant des meuniers à recense? Combien de grands propriétaires, qui auraient pu faire les frais de construction de moulins, propres à faire l'opération parfaite, restent dans l'apathie, et abandonnent une grande partie de leur revenu aux meuniers à recense?

Personne n'aurait donc observé jusqu'à ce jour, que partout où le prix de mouture est payé par le marc de l'olive, résidu de l'opération, le meunier, soit qu'il recense lui-même ce marc, soit qu'il le vende à d'autres, a toujours un intérêt majeur à ce que la trituration et la pression soient mal faites

N'est-ce point alors que le marc est plus imbibé de l'huile, qu'on a eu soin d'y laisser, qu'il est plus productif pour le meunier à recense? Et cela n'explique-t-il pas suffisamment, pourquoi les marcs d'un moulin se vendent à des prix plus élevés que ceux d'un autre?

Que dirait-on d'un moulin à farine où par un procédé quelconque, on séparerait le son, pour le recevoir en payement du prix de mouture ? Ne serait-on pas en droit de craindre que le meunier ne laissât trop de farine dans le son? Il est donc permis de craindre, que dans les moulins à huile où le marc reste en payement du prix de mouture, le meunier ne laisse de l'huile dans le marc.

Enfin n'est-on pas obligé de convenir, ainsi que je l'ai établi plus haut comme un fait évident, que partout où il y a des moulins à recense, la première opération a dû être mal faite. Et dès lors, tous les propriétaires d'oliviers n'ont-ils pas un égal intérêt à voir cesser ce genre de fabrication, si souvent opposé aux règles de la justice et de la bonne foi ?

C'est à quoi je me suis appliqué depuis long-temps, en dirigeant mes recherches et mes expériences, vers un meilleur mode de fabrication que celui usité. La mortalité des oliviers arrêta mes opérations ; mais l'année passée, elles ont été couronnées d'un succès aussi complet que je pouvais le désirer; et je viens offrir au public des résultats si satisfaisans, que je me flatte qu'ils obtiendront son assentiment.

Par le mode de trituration et de pression que jai soumis à toutes les épreuves, et que j'ai définitivement adopté dans le moulin que je possède dans le territoire de Marseille, je ne crains pas d'affirmer que l'intérêt des propriétaires d'olives et celui des propriétaires de moulins, sont en harmonie autant qu'il est possible.

Ceux-ci trouveront leur bénéfice dans la promptitude de l'opération, et l'économie de la main d'œuvre, et ceux-là dans le perfectionnement de la fabrication et l'avantage d'être promptement expédiés. Enfin partout où on voudra adopter ma méthode, les moulins à recense doivent tomber, et par-conséquent l'huile puante qu'ils produisent, doit augmenter d'autant la récolte en huile fine, des propriétaires.

Mais avant d'expliquer ma méthode, je veux exposer quelles sont les principales régles d'une fabrication d'huile *bonne et consciencieuse*.

TRITURATION.

1.° Il faut pour que la trituration soit parfaite, que l'olive soit tellement broyée, qu'il n'y ait plus de trace de noyaux et que les amandes paraissent en petits morceaux disséminés dans la pâte.

2.° Que le mouvement de la meule ne soit pas trop rapide, afin de ne pas échauffer la pâte, sous peine de nuire à la qualité de l'huile.

3.° Que les olives ne passent et repassent sous la meule, que le temps qu'il faut pour que l'opération soit parfaite. Pour cela l'ouvrier qu'on nomme *peysseire*, doit être supprimé et remplacé par des versoirs qui, agissant régulièrement et sans discontinuité, forcent les olives à être écrasées à chaque tour, et dans le moins de temps possible. Par ce moyen on évitera le frottement inutile qu'on fait actuellement subir à une partie de la pâte suffisamment broyée, qui se trouve mêlée à celle qui a échappé à la meule, par l'insuffisance des efforts du *peysseire*.

PRESSION.

1.° Il faut qu'aussitôt la trituration finie, la pâte soit portée sans retard ni refroidissement sous le pressoir, dans des cabas.

2.° Que ces cabas ne soient pas en cordes épaisses, mais en tissu d'esparterie aussi mince que possible; et qu'ils soient surtout tenus bien proprement.

3.° que la pression finie, le marc se trouve réduit en gâteaux bien secs, de cinq lignes d'épaisseur au plus, et qu'en les brisant on aperçoive les noyaux réduits en morceaux de la grosseur d'une tête d'épingle.

CUEILLETTE DE L'HUILE.

1.° Pour faciliter l'entière séparation de l'huile d'avec les eaux, il faut que les cuviers où on dépose le produit de la pression et qu'on nomme *espérances*, soient placés à côté des fourneaux ; qu'ils soient parfaitement éclairés par des ouvertures vitrées, qu'ils soient établis assez bas pour que le propriétaire puisse voir si le cueilleur qu'on appelle (*triaire*), lui fait son droit; qu'ils soient enfin tenus bien proprement, ainsi que tous les ustensiles où l'huile est déposée, afin de conserver sa qualité aussi pure que possible.

2.° Que le produit de la pression reste assez de temps dans les cuviers, pour que l'huile monte toute au-dessus des eaux.

3.° Que le cueilleur ou *triaire* ait la main légère et qu'il sépare l'huile des eaux, non-seulement avec dexterité, mais assez consciencieusement pour qu'il en reste le moins possible, et point du tout si faire se peut.

La méthode employée jusqu'à ce jour est vicieuse, parce qu'elle est loin de réunir toutes ces conditions.

En effet l'aspect seul de la plus grande partie des moulins à huile, suffirait pour donner une idée défavorable de l'opération qu'on y fait.

Ce sont des bâtimens étroits, bas et tellement obscurs, qu'il faut, le jour comme la nuit, alimenter plus ou moins des lampes pour éclairer les ouvriers; d'où résulte pour le propriétaire d'olives la perte de l'huile qu'on prend dans son cuvier pendant le jour, pour l'entretien de toutes ces lampes et qu'on lui économise dans ceux qui sont éclairés par le soleil.

On alléguera peut-être, que les moulins ont été ainsi construits afin d'y pouvoir entretenir une plus grande chaleur et faciliter l'extraction de l'huile. Fausse et ridicule objection, à laquelle j'opposerai mon expérience. Mon moulin est vaste, il est éclairé par un ciel ouvert et par des ouvertures vitrées, d'une facilité d'exploitation très-grande, d'une commodité inappréciable; et par conséquent il est construit dans un système tout-à-fait opposé à la plupart des moulins; cependant je ne crains pas de défier le plus habile recenseur de tirer quelque avantage des marcs ou grignons qui y ont été pressés; de même que pour le produit des olives, je ne crains la concurrence d'aucun moulin.

Ainsi, pour si disposé que l'on soit à la confiance, on est porté à croire malgré soi, que beaucoup de moulins ont été ainsi construits anciennement, dans le but de mieux tromper les propriétaires d'olives. Et en effet, j'en ai vu où le cuvier était situé de telle manière, que le cueilleur était juché sur la plus haute marche d'un escalier fait pour lui seul, en sorte que le propriétaire était obligé de chercher une échelle, qu'il ne trouvait jamais, pour surveiller cette dernière et importante opération, d'où dépendait entièrement le sort de sa récolte.

Toutefois il est juste d'observer que la bonne foi a fait des progrès, sous ce rapport, que les moulins nouvellement construits ne sont point aussi obscurs que la plupart des anciens. Et soit dans le territoire de Marseille, soit dans celui d'Aix, on en voit dont l'aspect rassure le chalant, tandis qu'un moulin obscur et mal disposé, pour produire un semblable effet, a besoin d'être fortement aidé par la bonne réputation de son maître.

De la mauvaise réputation des moulins sera née anciennement cette dénomination *d'enfer*, donnée au bassin souterrain dans lequel on fait écouler ce qui reste de liquide dans les cuviers, après la séparation et la cueillette de l'huile.

Or je dois ici établir, que tout enfer qui est

alimenté le moins du monde, par l'imperfection de la cueillette de l'huile, devient le recéleur d'autant d'huile qui appartient aux propriétaires des olives d'où elle a été extraite.

En effet, il est de règle que tout le produit de la pression est leur propriété; et que s'ils voulaient le tout emporter, ils en auraient le droit. Mais de ce que ces propriétaires ne peuvent penser à se charger, d'une quantité de liquide dont une si grande partie leur serait inutile, il ne s'ensuit pas qu'on puisse, sans les voler, négliger d'extraire avec le plus de soin et le plus consciencieusement possible, toute l'huile qui s'y trouve. Et ceux qui agiraient autrement, agiraient malhonnêtement.

L'enfer ne doit s'alimenter que de la portion d'huile produite par le lavage nécessaire à la propreté des engins, et à la pureté de l'huile, si susceptible de contracter le mauvais goût de tout ce qui la touche, ainsi que des écoulemens inévitables de ces mêmes engins, à la fin des opérations et de l'entière extractiou de l'huile.

Ces lavages et ces écoulemens seraient perdus nécessairement pour tout le monde, si on ne les jetait pas dans l'enfer, et par ce moyen sans nuire à personne, ils fournissent aux bénéfices du moulin, et évitent d'autant l'augmentation du prix de mouture.

Enfin, il est de l'intérêt des propriétaires de moulins, de rassurer les propriétaires d'olives sur les craintes de l'enfer, en plaçant les espérances au grand jour, et en donnant à leur moulin le plus de clarté possible.

Plusieurs méthodes sont usitées pour la trituration des olives, et toutes sont plus ou moins vicieuses.

Les meules accélérées par l'eau, ou par des moyens mécaniques, en remédiant à l'inconvénient de la longueur de l'opération, ne peuvent éviter celui d'échauffer la pâte et d'altérer la qualité de l'huile. Elles exigent d'ailleurs le concours de l'ouvrier nommé *peysseire* qui, malgré toute la peine qu'il se donne quand il veut remplir ses obligations, ne peut jamais parvenir à retenir sous la meule, la pâte qu'elle chasse sans cesse par son poids. C'est le métier le plus pénible et l'opération la plus ridicule que je connaisse.

Bien des personnes ont essayé d'éviter l'emploi de cet ouvrier, et j'étais moi-même parvenu à diminuer considérablement sa peine, au moyen des versoirs qui suivaient mes anciennes meules. Mais l'opération n'en était pas moins longue, parce qu'on ne pouvait mettre qu'un douzième de la motte d'olives à la fois sous la meule et qu'il se perdait beaucoup de temps à en retirer douze fois la pâte. D'ailleurs, cet ouvrier étant alors beaucoup moins occupé, était sujet à s'endormir ou à négliger son travail, en se reposant sur l'opération des versoirs; et les pertes de temps qui en résultaient étaient considérables.

On a aussi imaginé des sortes de coupes qui sont encore en usage dans bien des moulins et qu'on appelle *à puits*. Ce sont effectivement de véritables puits, au fond desquels tournent une ou plusieurs meules et dans lesquels on jette à la fois toute la motte d'olives. En sorte que les olives et la pâte contenue par la hauteur des bords de cette coupe, ne peuvent échapper à la meule qui les détrite sans le secours du *peysseire*.

Ces sortes de coupes sont bien ce qu'on a imaginé de mieux pour la trituration des olives; mais elles ont un inconvénient inévitable et fort grand. C'est qu'il faut beaucoup de peines, de temps et de difficultés, pour retirer la pâte du fond de ces puits et la placer dans les cabas. Ainsi le temps qu'on gagne dans cette opération, est en grande partie perdu par celui qu'exige l'enlèvement de la pâte. En sorte que ce faible perfectionnement s'est trouvé trop balancé par les inconvéniens qu'il présente, pour que son adoption ait pu être générale.

Enfin dans toutes les formes de coupes existantes, la meule est toujours appliquée contre le pivot autour duquel elle tourne, et c'est là le vice radical de ces engins, auquel j'ai appliqué le perfectionnement le plus complet qu'on puisse désirer.

Je ne donnerai point cette idée comme mienne, en m'attribuant l'invention de ce mode de trituration. Il est employé par une infinité de fabricans, pour le noir d'ivoire, la craie, la soude factice, etc. C'est chez eux que j'en ai vu l'effet et que j'ai résolu d'en faire (il est vrai le premier) l'application à la trituration des olives. Je n'ai eu d'autre calcul à faire que celui des dimensions et de ce qu'il a fallu ajouter cmme nécessaire à la trituration des olives, dont les fabricans des matières sèches ci-dessus mentionnés n'ont pas besoin.

Ainsi, ma meule a dix-sept pouces d'épaisseur et 6 pans de hauteur. (On pourrait lui en donner jusqu'à huit, car plus une meule a de hauteur plus le tirage est facile.) Elle pèse soixante quintaux et ne pardonne à aucune olive.

Elle tourne à six pans loin du pivot qui est au centre de la coupe. Son épaisseur, ajoutée aux six pans, donne huit pans moins un pouce de rayon et par conséquent un diamètre de quinze pans sept pouces. Elle passe dans un canal pratiqué dans des blocs de pierres dures de vingt pouces de largeur sur quatre pouces et demi de profondeur. Au diamètre de la circonférence que décrit la face extérieure de la meule, il faut ajouter deux pouces de jeu, de cette meule au bord extérieur du canal. Il a donc seize pans, ce qui donne à sa circonférence extérieure, environ cinquante pans. Les bords de ce canal, au lieu d'être taillés à plomb, sont taillés en évasant, et par conséquent s'élargissent par le haut, ce qui achève de donner à la meule le jeu nécessaire, pour qu'elle n'en puisse jamais heurter les bords.

La motte entière d'olives se jette dans ce canal et son volume y occupe deux pouces d'épaisseur, tout au plus. *Voyez figure* 1.re

On conçoit le prodigieux effet que doit faire sur cette épaisseur d'olives, une meule de ce poids ainsi disposée. Il est certain que dans quelques tours on ne voit plus d'olives entières.

Les olives et la pâte ainsi contenues dans le canal par ses bords, ne laissent pas d'être refoulées à droite et à gauche de la meule, par son poids et sa pression ; mais pour les ramener sans cesse sous elle, j'ai fait placer à sa suite un double versoir qui les ramasse à mesure qu'elle les sépare et les ramène sans cesse au milieu de ce canal, en les renversant aussi complétement, qu'un bon versoir de charrue renverse la terre dans le sillon

Un racloir en tôle est aussi disposé de manière à embrasser le profil de la meule, à en détacher sans cesse la pâte qu'elle entraîne et qui s'y attache et à la faire retomber aussitôt dans le canal.

Les blocs en pierres dures où est creusé ce canal, sont parfaitement assemblés et joints avec du ciment à la pozzolane, afin d'éviter toute perte d'huile.

Les circonférences intérieure et extérieure de ce canal, sont entourées d'une plate-bande formée en plateaux de pierres dures qui inclinent vers le canal et qui sont assemblés et cimentés aussi parfaitement; en sorte que le plan incliné extérieur sert à placer les cabas pour les remplir de la pâte, quand la trituration est achevée.

Un seul mulet fait tourner cette meule sans trop de peine, et dans trois quarts d'heure l'opération est terminée aussi parfaitement, que j'ai dit qu'il fallait qu'elle le fût, pour une bonne fabrication.

Je ne crains pas d'avancer, qu'en ne triturant pas plus fin qu'on le fait en général par l'ancienne méthode, la motte serait finie dans une demi-heure ; et avec mes anciennes meules, cette opération ainsi faite durait trois heures au moins, comme dans les moulins dont la meule n'est accélérée ni par des rouages, ni par l'eau.

Ainsi par cette nouvelle méthode, j'ai obtenu de faire dans une demi-heure, ce qui exigeait trois heures de travail ; ce qui m'a donné la facilité de perfectionner la trituration au dernier point, en donnant un quart d'heure de plus à l'opération.

Il serait en effet impossible d'exiger, que par l'ancienne méthode, l'opération fût aussi parfaite. Le quart d'heure que je donne de plus pour perfectionner la trituration, représente au moins une heure qu'exigeraient les anciennes meules ; et aucun propriétaire de moulin ne pourrait tenir aux frais que lui coûterait cette heure de plus par motte.

Rien n'est plus satisfaisant que d'observer le travail de cette meule ainsi organisée. Et indépendamment de la célérité de l'opération, qui se fait pour ainsi dire toute seule, j'ajouterai que la propreté de cette construction n'en est pas le moindre avantage.

En effet, par l'ancienne méthode, le revêtement du plan incliné de la coupe, que j'ai fait faire en plateaux de pierres dures, est ordinairement en bois. Ce bois qui dure fort long-temps est imbibé d'une huile qui bientôt est corrompue ; et malgré les lavages d'eau bouillante, et en supposant la plus grande propreté, il est impossible qu'il ne communique une partie de son odeur fétide, à l'huile qui y reste déposée pendant le cours de cette longue opération.

J'observerai, en outre, que s'il est possible que la pâte des olives broyées se refroidisse, c'est bien plutôt par l'ancienne méthode, puisqu'elle reste déposée sur le plan incliné en bois pendant une ou deux heures, jusqu'à ce que l'opération soit entièrement terminée ; tandis que par ma nouvelle méthode, le passage continuel de la meule et des versoirs met la pâte en totalité et sans cesse en mouvement, et qu'on la sort du canal dès qu'elle est broyée, pour la mettre à l'instant dans les cabas, et la placer sous le pressoir ; d'où je conclus qu'il y a impossibilité de refroidissement.

Enfin, la meule étant mise en mouvement sans aucun mécanisme que par un mulet allant au pas, et par conséquent ne pouvant avoir un mouvement plus égal et moins rapide, ne peut jamais échauffer la pâte, ni altérer la qualité de l'huile.

Donc ma méthode réunit tous les avantages qu'on peut désirer, et la trituration est aussi prompte qu'elle est parfaite.

Pour compléter ce système de trituration, j'ai fait construire un chariot porté sur deux roues à essieu fixe, et sur une troisième roue servant d'avant-train mobile ainsi que son axe au moyen d'un pivot, et guidée par une flèche. La caisse dont ce chariot est surmonté, contient juste la mesure appelée motte qu'on détrite tout à la fois. Un seul homme le traîne tout plein, et le guide avec une grande facilité. Il le place derrière le fût de la meule, auquel il l'adapte au moyen de crochets, et le tout est disposé de manière à être promptement établi.

Le chariot et sa flèche étant ainsi solidement fixés, on fait partir le mulet qui, en mettant la meule en mouvement, traîne aussi ce chariot plein d'olives qui coulent peu à peu sur le bord de la coupe, par une manche en bois dont on a ouvert d'avance la porte à coulisse.

A mesure que les olives tombent sur le bord incliné de la coupe, elles sont ramassées par le versoir qui achève de les entraîner dans le canal, et de les y placer de manière à ce que la meule les écrase aussitôt qu'elle les atteint. Quelques tours suffisent pour cette opération qui ne fatigue pas le mulet, attendu qu'en se chargeant ainsi lui-même, il n'écrase pas ce qu'il traîne et ne traîne pas ce qu'il écrase.

Ce chariot une fois vidé, l'ouvrier le détèle, et aussitôt après va le remplir, afin qu'il soit tout prêt pour la motte suivante.

On conçoit facilement combien ce mécanisme économise la main-d'œuvre et abrège l'opération.

Après avoir ainsi perfectionné le mode de trituration sous le triple rapport, de l'économie du temps, de la main-d'œuvre et de la bonté de l'opération, je me suis occupé de la pression qui suit immédiatement.

J'ai senti la nécessité de mettre en harmonie les deux opérations sous le rapport de la célérité, sans perdre de vue la bonté du travail.

Que m'aurait servi, en effet, d'avoir ainsi accéléré la trituration, au point de ne pas craindre la concurrence d'un moulin à eau, si la lenteur de la pression avait obligé d'arrêter la meule?

J'aurais pu, en suivant l'ancienne méthode, augmenter les pressoirs et les ouvriers, dans la proportion exigée par le travail de la meule; et c'est précisément ce que j'ai voulu et ce que je suis parvenu à éviter.

On sait que l'opération de la pression se fait en deux fois; d'abord on presse à froid, ensuite on détourne et remonte les vis; on détache les cabas les uns des autres pour briser la pâte des olives; après quoi on les replace les uns sur les autres, en les arrosant d'eau bouillante; et on presse aussitôt le tout, autant que peuvent le permettre les machines et la force qu'on y applique.

Chacun a pu s'apercevoir que dans le cours de cette opération, il est rare que les piles de cabas conservent leur position perpendiculaire.

La viscosité de la pâte qui diffère suivant la qualité et le degré de maturité des olives, fait glisser les cabas et oblige souvent à en démonter et remonter les piles jusqu'à cinq fois ; et malgré toute la peine et le temps perdu, on ne parvient jamais à obtenir que ces piles ne dévient plus de la ligne perpendiculaire.

De cet obstacle à les maintenir dans leur à-plomb, résultent de graves inconvéniens. Perte de temps pour le meunier, imperfection de la pression, perte de toute l'huile qui reste imprégnée aux mains des ouvriers, qui sont si souvent obligés de toucher et retoucher cette pâte huileuse.

Ces deux derniers inconvéniens sont très-désavantageux aux propriétaires d'olives, dont une partie de l'huile reste dans le marc et dans les éponges où les ouvriers sèchent leurs mains.

Les meuniers perdent, il est vrai, beaucoup de temps, mais en général ils croient être dédommagés amplement, par le produit dont l'enfer est augmenté au moyen de ces éponges pleines d'huile, qu'on y presse à l'eau bouillante de temps en temps.

Il est certain que dans l'état d'imperfection de cette pression, c'est un inconvénient inévitable; et il peut même arriver que le redressement des piles soit un abus, que j'ai trouvé très-important de déraciner à jamais; et voici le moyen bien simple que j'ai imaginé.

J'ai fait construire un grillage, composé de cercles en fer de 5 lignes carrés, placés les uns dans les autres et distans d'une ligne et demie. Ils sont assemblés au moyen de rivets, sur une plaque en fer de trois lignes d'épaisseur et de vingt pouces de diamètre , dimension égale à celle des cabas dont je me sers. Le grillage est séparé de la plaque par une croix en fer de six lignes d'épaisseur et de trois pouces de largeur. Les quatre branches de cette croix dépassent les bords de la plaque de fer de trois pouces, qui sont repliés de manière à former l'équerre avec la plaque. Deux branches de mêmes dimensions que le fer de la croix et formant chacune une double équerre, sont placées vis-à-vis l'une de l'autre, et fortement assemblées et assujetties, chacune à deux des extrémités des branches de cette croix ainsi repliées, de manière à former un seul et même corps avec la plaque et le grillage.

Un boulon à épaulemens, muni d'un rouleau, est placé entre chacune de ces branches au milieu de la double équerre, à l'effet d'éviter tout frottement et d'empêcher leur écartement et leur fracture. *Voyez figure* n.° 2.

La machine ainsi construite est disposée sous la vis de telle façon, que chaque branche par sa forme à double équerre, embrasse un des montans du pressoir, le long duquel elle est destinée à monter et descendre pendant l'opération. On conçoit que la plaque et le grillage sont alors dans une position tout-à-fait horizontale.

Le tout est suspendu en dessous du plateau de la tête de la vis, par des crochets qui tiennent chaque branche de fer, de manière à pouvoir être défait avec promptitude et facilité.

Quand on veut opérer avec ce grillage, on commence à monter la vis en la détournant, et on élève ainsi en même temps le grillage. On place ensuite les cabas les uns sur les autres, ainsi que cela se pratique; et quand il y en a à peu près la moitié de placés, on descend la vis jusqu'à ce que la plaque ronde du grillage repose sur la demi-pile de cabas. Alors on défait les crochets qui restent attachés au-dessous du plateau de la vis qu'on remonte aussitôt. On place ensuite sur le grillage le reste de la pile de cabas les uns sur les autres, après quoi on descend la vis et on presse avec force.

On conçoit que la pile de cabas, ainsi partagée au milieu par le grillage, est soutenue au moyen des branches qui embrassent les montans du pressoir. En sorte que ce grillage la maintient dans la direction perpendiculaire de ces montans, en même temps qu'il facilite l'écoulement de l'huile, qui passe à travers les intervalles d'une ligne et demie qui séparent les cercles en fer, pour tomber sur la plaque inférieure, par où elle trouve son écoulement vers les bords.

Ce procédé, assurément bien simple, m'a réussi à merveille. J'ai essayé de faire presser une pâte d'olives très-grasse et très-visqueuse, en mettant plus de la moitié en sus du nombre ordinaire de cabas, sans qu'il y ait eu la moindre variation, tandis que les autres piles avec la moitié moins de cabas, ont été redressées jusqu'à quatre fois presque infructueusement.

Ayant voulu faire l'épreuve de ce grillage, je n'en avais fait construire qu'un pour une seule pile; mais après un résultat aussi parfait, je n'hésiterai pas à monter ainsi tous mes pressoirs pour la récolte prochaine.

Je ne m'en suis pas tenu là; l'effet prodigieux produit par ce grillage, m'a porté à pousser plus loin mes épreuves.

J'ai donc fait construire trois autres grillages semblables au premier, mais sans branches de fer. Deux sont garnis de leur plaque ronde, dont la croix en fer les tient séparés, et le troisième n'en a point. J'ai fait établir celui-ci sur la pierre qui sert de base à la pression, et c'est sur lui que j'ai fait placer le premier cabas, qu'on met ordinairement sur cette base en pierre.

Le nombre des cabas de chaque pile étant ordinairement de seize, au moyen de ces quatre grillages, ils ont été séparés de quatre en quatre. De sorte que les quatre plus élevés s'écoulaient par le fond à travers le plus haut grillage sur sa plaque, et ainsi de suite jusqu'aux quatre plus inférieurs qui trouvaient leur écoulement par le fond sur la pierre dure.

Cette pile de cabas ainsi armée de ses quatre grillages, présentait l'aspect le plus satisfaisant. Il semblait impossible qu'il restât trace de liquide dans le marc, avec une facilité d'écoulement aussi grande. Et en effet, le produit de cette pression fut aussi parfait qu'on pouvait le désirer.

Après avoir plusieurs fois fait manœuvrer cette pile par ce procédé, en pressant d'abord à froid et ensuite à l'eau bouillante, ainsi que cela se pratique, et avoir reconnu que le marc était infiniment plus sec et mieux pressé qu'aux autres piles, j'essayai de faire l'opération en une seule fois, afin de l'abréger.

Je fis donc choisir une motte d'olives de même qualité, bien mêlées, qu'on partagea ensuite en deux portions parfaitement égales. Je les fis détriter séparément; je fis presser la première moitié en une seule fois et à l'eau bouillante, en intercallant les grillages de quatre en quatre cabas. De sorte qu'on versait l'eau bouillante dans ces cabas, à mesure qu'ils venaient d'être remplis de la pâte triturée.

Après que la pression de cette pile de cabas fut consommée, on commença l'opération sur l'autre demi-motte, en suivant l'ancien usage. Ainsi après avoir pressé cette pile à froid, on brisa le marc avec les mains, on forma de nouveau la pile de cabas en l'arrosant d'eau bouillante, après quoi on la pressa pour la deuxième fois.

Les produits de ces deux demi-mottes furent séparés. Ils furent semblables en quantité, mais ils est très-remarquable qu'ils ne le furent point en qualité.

L'huile produite par la première demi-motte fût infiniment plus pure, plus limpide et plus légère, que celle produite par la seconde. Elle déposa moins, et par conséquent rendit de plus tout ce qu'elle n'eut pas à déposer. J'en déduirai les causes bientôt. Je dois avant expliquer, que malgré ce résultat avantageux, voulant m'assurer qu'il ne restait point d'huile dans le marc ainsi pressé d'une seule fois, je fis faire la contre-épreuve de mon opération.

En conséquence, après avoir remonté les vis de ces deux piles d'épreuves, on détacha les cabas de chacune séparément, et on brisa de nouveau le marc aussi menu que possible.

Cela fait, on plaça les cabas en piles en les arrosant avec l'eau bouillante, une pile armée de ses grillages, et l'autre sans grillages ainsi que cela avait été fait une fois, et on pressa les deux piles en même temps aussi fortement et aussi également qu'il fut possible.

Les produits de l'une et l'autre pile, qui

furent séparés aussi soigneusement que si c'eût été de l'huile pure, ne furent autre chose que l'eau bouillante, mêlée de crasse qu'on avait jeté dans les cabas. Quelques gouttes d'huile parsemées çà et là et nageant sur la surface de l'eau dans chacun des cuviers, n'auraient pas formé la valeur d'une cuiller, s'il avait été possible de les ramasser.

Cette contre-épreuve qui fut une véritable recense, me prouva que les deux opérations sont également bonnes sous ce seul rapport, qu'elles ne laissent point d'huile dans le marc, ce qui est le résultat d'une trituration parfaite et d'une pression suffisante.

Mais la première opération a, sur la seconde, l'immense avantage d'être infiniment plus prompte et de produire une huile plus dépouillée de crasse, plus légère, plus limpide enfin; ce que je regarde comme une véritable augmentation de produit; car de deux quantités égales d'huile, l'une très-dépouillée et l'autre encore trouble, chargée et moins légère, la première est infiniment préférable, puisque la seconde de ces deux quantités ne pourra atteindre le degré de légérété, et de limpidité, qu'aux dépens de son poids et de son volume.

Il est évident, d'après cela, que cette augmentation de produit qui n'a pas lieu par l'ancienne méthode, est autant d'huile qui serait précipitée dans l'enfer mêlée avec les eaux et la crasse, puisque la recense m'a prouvé qu'il n'en restait point dans le marc.

Voici le motif auquel je crois devoir attribuer l'avantage inespéré que m'a procuré cette expérience.

Chacun sait combien est puissante l'action de l'eau bouillante sur l'huile. Or, en pressant les cabas en deux fois, d'abord à froid et ensuite à l'eau bouillante, cette action est fortement atténuée.

Il est reconnu, en effet, que la majeure partie de l'huile sort tantôt vierge et tantôt mêlée avec la crasse et la partie aqueuse des olives, par la pression à froid; et que la pression à l'eau bouillante qui suit immédiatement, n'est nécessaire que pour compléter l'entière extraction.

Mais le produit de cette pression à l'eau bouillante n'est plus bouillant, parce que l'opération l'a refroidi, et cependant ce produit est jeté et mêlé dans le cuvier avec le produit froid de la première pression; d'où il résulte que le tout s'est refroidi, que l'eau ayant cessé d'être bouillante, ne peut agir

agir que très-imparfaitement sur l'huile froide de la première pression ; et que cette huile tout en montant au-dessus des eaux, entraîne avec elle et augmente son volume de la partie la plus légère de la crasse, dont l'action atténuée de l'eau bouillante n'a pu la séparer.

En pressant la pile de cabas armée de ses grillages en une seule fois, l'eau bouillante produit un effet bien plus grand et bien plus prompt. La facilité d'écoulement fait qu'aussitôt que chaque goutte d'huile est atteinte par l'eau bouillaute, elle est immédiatement chassée au dehors et par les chemins les plus courts.

Sans grillages elle aurait à traverser toute la demi-largeur des cabas pour, de leur centre, arriver à leur circonférence. Avec les grillages au contraire, elle sort à la fois de tous les points de la surface inférieure des cabas, tout comme de ceux de leur circonférence.

Or, l'action de l'eau bouillante n'étant plus efficace qu'en raison de la promptitude de l'opération, il s'ensuit que l'huile est aussitôt séparée de la partie aqueuse et visqueuse de l'olive, qu'elle est atteinte par l'eau bouillante; et comme ce produit de la pression est le seul, l'unique produit et qu'il n'est pas, comme dans l'autre opération, mêlé avec un produit froid, ni avec une huile non-seulement froide, mais encore adhérente à la partie visqueuse des olives, il me paraît évident que l'huile en étant ainsi dégagée, ne peut plus s'y mêler de nouveau.

J'ai même remarqué, en cassant des gâteaux de marc après cette première et unique pression, que tous secs qu'ils étaient et malgré qu'il eût fallu une heure à quatre hommes pour les briser en faisant la contre-épreuve, ils avaient cependant un peu plus de souplesse que ceux de la pile qui avait été pressée deux fois. Ceux-ci étaient plus terreux et par conséquent plus friables.

J'en conçus d'abord quelques craintes pour le succès de mon expérience, mais elles furent bientôt dissipées et par le produit égal en huile des deux piles, et par la contre-épreuve ou recense qui n'en produisit point.

En réfléchissant et sur cet accident et sur ses causes, je crus pouvoir conclure que la souplesse de ces gâteaux de marc venait de ce qu'une plus grande quantité de crasse leur était restée imprégnée, parce que l'eau bouillante avait dû nécessairement agir d'abord et plus efficacement sur l'huile comme étant plus légère; tandis que ces crasses visqueuses dont s'étaient dégagées avec tant de promptitude l'huile et la partie aqueuse des olives, avaient été moins aidées dans leur extraction, et étaient restées mêlées en plus grande quantité avec le marc.

En effet, en faisant l'opération en deux fois, il est à remarquer que c'est à la première pression et à froid, qu'on voit sortir la crasse la plus épaisse et en plus grande quantité; que la seconde pression à l'eau bouillante achève d'entraîner l'huile encore mêlée de crasse; mais par la contre-épreuve ou recense, l'eau bouillante ne sortit pas pure elle entraîna encore de la crasse, et cependant elle n'entraîna plus d'huile. Donc il restait encore de la crasse dans le marc après la seconde pression, quoiqu'il n'y restât plus d'huile; et je ne doute pas que si j'eusse fait échauder et presser une quatrième fois ce marc, il n'en fût encore sorti de la crasse. Le marc de la pile qui n'avait été pressée qu'une fois, devait donc en contenir plus que celui de la pile qui l'avait été deux fois, et c'est ce qui le rendait plus souple, moins terreux, et par conséquent moins friable.

Si l'on essayait de répéter cette opération sur le même marc, on finirait par le rendre aussi friable que la terre la plus sabloneuse; ce qui prouve que cette crasse visqueuse est plus difficile à extraire que l'huile.

Aussi quand la contre-épreuve ou recense m'eut bien convaincu qu'il n'était pas resté une cuiller d'huile dans le marc, que m'importait de savoir qu'il y était resté plus de crasse que dans celui qui avait été pressé deux fois?

Presser deux fois pour obtenir une huile plus trouble, me paraît donc un résultat fort peu désirable; mais ces opérations m'ont aidé à découvrir la cause qui fait qu'en ne pressant la pâte des olives qu'une seule fois à l'eau bouillante et avec des pressoirs à grillages, on obtient pour le moins autant d'huile et on a l'avantage de l'obtenir plus légère, plus limpide, plus dépouillée, et à moins de frais.

Ainsi à la prochaine récolte, mon moulin sera disposé de manière à satisfaire tous les goûts. Le prix de 4 fr. par motte qui se paye dans les moulins du territoire de Marseille, sera au mien diminué de 10 sols pour ceux qui préféreront ma nouvelle méthode et consentiront à ce que leurs olives ne soient pressées qu'une fois, et c'est cette méthode que j'employerai pour les olives qui m'appartiennent.

Préalablement et au début de la fabrication, je répéterai sur mes olives les mêmes épreuves que je viens de décrire, en présence des personnes les plus riches en huile, qui se servent à mon moulin, que j'y inviterai, et de toutes celles qui voudront y assister. Des résultats positifs formeront leur conviction et détermineront leur choix.

Je m'attends, et c'est naturel à penser, à ce que la première année ma méthode ne soit pas préférée par tous les habitués de mon moulin, ni pour la totalité de leurs olives. Les agriculteurs ne se pressent pas ordinairement d'adopter les nouveautés, et en cela ils sont fort sages. Mais l'avantage de payer dix sols de moins de frais de mouture que s'ils choisissaient l'ancienne méthode, me donne l'espoir qu'ils en essayeront, et dès lors je ne doute pas du succès.

Je suis d'ailleurs si assuré de mon fait, les moyens que j'emploie et que j'ai décrit ci-dessus sont si simples, tellement faciles à apprécier, et leurs résultats si complets et si satisfaisans, que tôt ou tard ma méthode prévaudra sur l'ancienne.

Dès lors l'intérêt des propriétaires d'olives ne sera plus en opposition avec celui des propriétaires de moulins à huile;

Dès lors les produits de l'enfer seront réduits à ce qu'ils doivent être, et les bénéfices se feront sur la main d'œuvre, dont les propriétaires d'olives profiteront aussi par la diminution du prix;

Dès lors l'opération sera satisfaisante sous tous les rapports; pour les uns, en ce qu'ils seront promptement et parfaitement expédiés, et pour les autres, en ce qu'ils seront dédommagés de leurs avances, par des bénéfices aussi satisfaisans que légitimes;

Dès lors enfin, l'opération de la récense, si nuisible aux propriétaires d'olives, doit tomber d'elle-même.

Mais je crois, avant de terminer, devoir prévenir les propriétaires d'olives, que ma méthode de ne presser qu'une seule fois ne peut leur être avantageuse et ne leur coûter aucuns regrets, que dans les moulins où les marcs ne sont ni achetés ni donnés en payement du prix de mouture et ne peuvent en conséquence fournir, en aucune manière, aux bénéfices du meunier;

De même je crois utile de dire, que le premier soin des propriétaires de moulins en l'adoptant, doit être de renoncer à recevoir ces marcs en payement, et de s'en interdire le moindre commerce, sinon la méfiance suivra de près leur amélioration, qu'elle soit méritée ou non.

EXTRAIT

Des registres de l'Académie royale des sciences, lettres et arts de Marseille.

Rapport sur le mémoire de M. de Sinety, *relatif aux moulins à huile, par M. le Chevalier* Lautard, *secrétaire perpétuel de l'Académie, organe de la commission nommée par cette compagnie, pour lui faire connaître ce travail.*

Messieurs,

Vous avez reçu de M. de Sinety, un mémoire renfermant des observations sur les moulins à huile et sur les améliorations dont cette fabrication est susceptible. Si quelque chose doit vous intéresser, c'est, sans contredit, ce qui se rattache à l'agriculture, à l'industrie aux richesses de la Provence; car vous ne fûtes jamais étrangers ni à la gloire et à la prospérité de votre patrie, ni à l'aisance et au bonheur de vos contemporains. Or, le travail qui vous est soumis se lie plus ou moins directement à ces divers objets; et d'ailleurs, il mérite d'autant plus d'attention de votre part, qu'il vous est présenté par un homme aussi laborieux que modeste, dont toute l'ambition est de faire du bien et dont le nom fut toujours cher à l'Académie. Il vous est offert par un agriculteur distingué, qui semble avoir hérité de sa famille, de l'heureux privilége d'être utile à son pays.

C'est, Messieurs, pour en fournir une nouvelle preuve, que la commission, que vous avez composée de MM. le Chevalier DE LA COUR-GOUFFÉ, NEGREL-FERAUD, JAUFFRET, le Chevalier L. DU DEMAINE, HUBAUD, SALZE et moi, vient aujourd'hui, par mon organe, vous en présenter l'analyse et vous mettre à même d'en connaître tout le prix.

La fabrication de l'huile se compose de trois opérations: la *trituration*, la *pression* et la *séparation* ou *cueillette* de l'huile. M.

de Sinety indique, dans son mémoire, les conditions nécessaires à chacune de ces opérations, pour que la fabrication ne laisse rien à désirer.

Il signale les vices de construction de la plupart des moulins existans, leur obscurité, leur malpropreté et les inconvéniens qui résultent pour les propriétaires de ne pouvoir surveiller leur récolte qu'avec beaucoup de peine; et surtout il insiste sur les longueurs des opérations qui sont la cause, souvent, de la fermentation des olives, celles-ci ne pouvant être assez tôt détritées.

Le territoire de Marseille, d'après M. de Sinéty, est celui où l'on extrait le plus complétement l'huile; ce qui le prouve, dit-il, c'est l'inutilité reconnue, d'y établir des moulins de récense, comme on en voit, au grand détriment des propriétaires, dans tout le reste de la Provence. Ces établissemens y sont malheureusement entretenus par l'imperfection, souvent volontaire, de plusieurs opérations. Le payement du prix de mouture s'y faisant en partie avec le marc, il est de l'intérêt des propriétaires de moulins, de mal triturer les olives, de mal presser la pâte et d'y laisser, par conséquent, plus d'huile, puisqu'elle devient le prix de leur travail. Cette huile est forte au goût et même corrompue, à cause de la fermentation du marc, tandis qu'elle serait douce et de bonne qualité, si, du premier coup, elle était extraite au profit de qui de droit.

Cependant bien que dans le territoire de Marseille, il n'existe aucun de ces moulins, les procédés de notre auteur y seront avantageux, sous le triple rapport de la célérité, de l'augmentation du produit et de sa qualité; parce que la trituration et la pression y deviendront plus promptes et plus parfaites, si on les y fait avec quelque attention; mais il prévoit que sa méthode devant détruire, de fond en comble, les moulins à récense, elle doit être encore plus utile, dans les contrées où l'on tolère cet abus.

Les moulins nouvellement établis pour la pulvérisation de la craie, de la soude, du noir d'ivoire, lui ont servi de modèle, et l'application qu'il a faite de ces machines, au détritement des olives, lui a procuré tous les avantages qu'on retire des moulins à eau, sans compter la suppression d'un ouvrier obligé et beaucoup d'économie dans la main-d'œuvre; sous le rapport de la qualité de l'huile, le moulin de M. de Sinéty, a l'avantage de ne pas échauffer la pâte et par conséquent, de ne pas altérer le liquide qu'elle contient, parce que la meule n'a pas plus de vîtesse, que celle que fait ordinairement tourner un mulet, lorsqu'on le fait aller au pas; tandis que dans les autres moulins, la meule tourne plus vîte, sans pourtant faire plus de travail. On peut en voir la description dans le mémoire. Il a beaucoup perfectionné la pression de la pâte, et c'est là, la partie la plus essentielle et la plus utile de son travail. Ce sont les grillages dont il se sert et qu'il décrit très soigneusement, qui lui donneront une supériorité marquée sur tous les autres fabricans.

Les défauts qu'il remarque dans le mode de pression, adopté jusqu'à ce jour, sont d'être lent et fort imparfait; cette pression est lente, parce qu'il faut y revenir à deux fois; la première à froid et la seconde à l'eau bouillante, et ensuite, parce que les cabas se dévient toujours de leur à-plomb, par l'effet de la viscosité de la pâte, en sorte qu'il est nécessaire de remonter la vis, quelquefois jusqu'à cinq ou six fois, pour remettre perpendiculairement ces cabas, sans pouvoir néanmoins jamais les contenir dans cette position.

Cette pression est imparfaite, parce que

les cabas étant ainsi déplacés, la pâte se porte toujours en plus grande quantité sur les bords et se trouve ainsi soustraite à l'action de la pression.

Indépendamment de l'huile que cette pression imparfaite abandonne dans la partie épaisse des gâteaux du marc, on éprouve encore la perte de toute celle qui reste imprégnée dans les mains et les ustensiles des ouvriers, par la manipulation, souvent répétée, des cabas. Cette huile appartient de droit aux meuniers qui souvent essuyent leurs mains avec des éponges destinées à cet usage et les pressent dans les enfers. On ne doute pas que ce ne soit, dans quelques moulins un abus révoltant que le procédé de M., de Sinéty détruira pour toujours.

Ce procédé consiste dans l'intercallation, au milieu de la hauteur des piles des cabas, d'un grillage en fer qui a deux branches embrassant les montans des pressoirs; ces montans servent de conducteurs au grillage qui ne peut jamais s'écarter de la ligne verticale que parcourt la vis; son intercallation soutient la pile des cabas par son milieu, dans cette direction.

Ce grillage a surtout l'avantage de faciliter l'écoulement de l'huile qui s'échappe ainsi par le fond, au lieu de ne couler que par les côtés des cabas. Indépendamment de ce grillage à branches, on en place trois autres simples dans la hauteur de la pile qui se compose communément de seize cabas. On intercalle donc de quatre en quatre cabas, un de ces grillages sans branches dont on vient de parler. Le passage du liquide doit être, sans contredit, plus rapide à travers cette grille ainsi disposée, et il doit se rendre plus promptement dans le grand récipient.

Cette rapidité, dans l'écoulement de l'huile, a fait concevoir à M. de Sinéty, la possibilité de faire cette opération en une seule fois et à l'eau bouillante et d'éviter ainsi la pression à froid, ce qui abrégerait de beaucoup le travail.

Il est de fait que l'huile obtenue par une seule pression à l'eau bouillante, est plus légère et plus dépouillée; elle dépose donc beaucoup moins. Il y aurait donc augmentation dans la quantité, amélioration dans la qualité et rapidité dans toutes les opérations, ce qui est le complément des procédés de ce genre et tout ce que les propriétaires peuvent espérer.

Telle est l'analyse du mémoire de M. de Sinéty; il est écrit avec ce style qui annonce la conviction et la vérité. Heureux, MM., si tous les écrivains agriculteurs méritaient cet éloge! Votre commission pense qu'on doit des remercîmens à son auteur et que l'Académie, en témoignant à cet estimable confrère, la satisfaction qu'elle a éprouvée en lisant cet écrit, doit l'engager à lui donner la plus grande publicité.

Marseille, le 18 mai 1826.

Signés à l'original : LAUTARD, rapporteur, SALZE, le Chev. L. DU DEMAINE, JAUFFRET, F. NEGREL et HUBAUD.

Pour copie conforme, à Marseille, le 23 mai 1826.

Le Secrétaire perpétuel,

Le Chevalier LAUTARD.

Séance du 18 *mai* 1826.

L'Académie approuve ce rapport et en ordonne l'insertion dans le registre consacré à cet objet.

Pour extrait conforme,

Le Secrétaire perpétuel,

Le Chev. LAUTARD.

EXPLICATION DES FIGURES.

FIGURE I.re

Plan vertical de la machine à détriter les olives.

A A. Canal circulaire dans lequel on jette la motte entière d'olives et dans lequel la meule tourne et les écrase.

B B. Plate-bande inclinée extérieure, sur laquelle on remplit les cabas de la pâte triturée qu'on ramasse dans le canal, en en formant des tas avec un rateau de bois et en la balayant.

C C. Plate-bande intérieure.

D. Pivot de la meule.

E. Meule.

F. Axe de la meule au bout duquel on attèle le mulet.

FIGURE 2.

Grillage à branches, destiné à faciliter la pression.

A. Vide destiné au lavage intérieur du grillage, pour qu'il ne s'obstrue pas avec les débris du marc, et qui pendant l'opération est rempli par le grillage représenté à la figure 3.

B B. Branches de fer qui embrassent les montans du pressoir, à l'effet de contenir le grillage et par conséquent les piles de cabas dans leur direction perpendiculaire.

C C. Rouleaux en fer, destinés à éviter le frottement des branches du grillage contre les montans du pressoir.

FIGURE 3.

Portion du grillage destiné à remplir le vide A *du grillage de la figure n.° 2, après qu'on l'a nétoyé.*

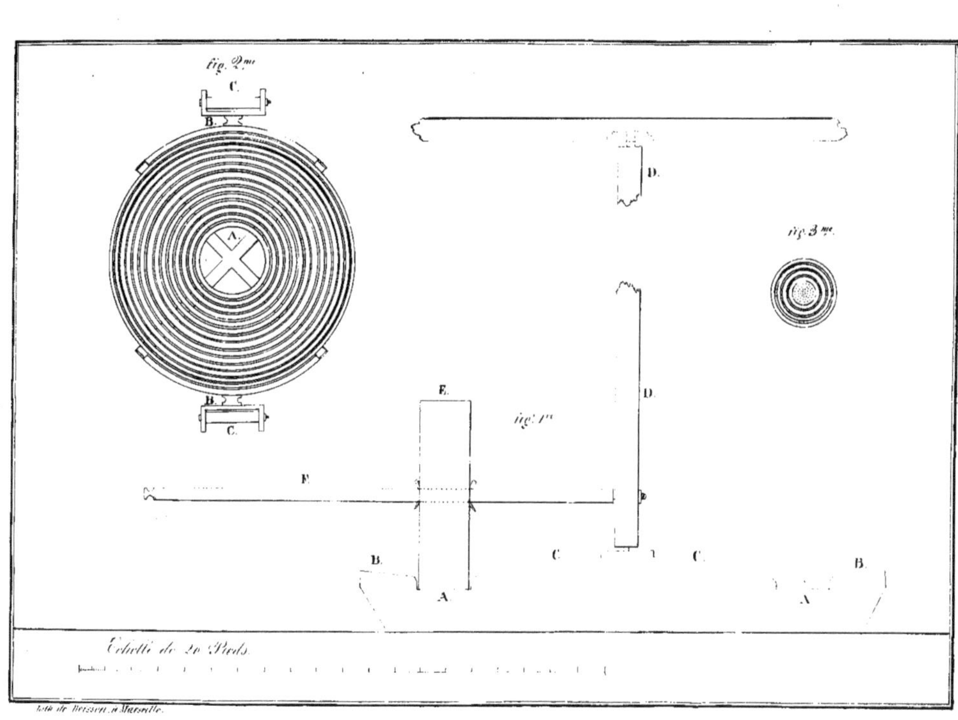
fig. 2me
C.
B.
A.
C.
D.
fig. 3me
E.
fig. 1re
D.
F.
B.
C.
C.
B.
A.
A.
Echelle de 20 Pieds.
Lith. de Boisson, à Marseille.

www.ingramcontent.com/pod-product-compliance
Ingram Content Group UK Ltd.
Pitfield, Milton Keynes, MK11 3LW, UK
UKHW021818190726
13853UKWH00003B/1040